Thokozani Kapichi

Potencial da Gestão Integrada de Resíduos Sólidos para Áreas Periurbanas

Thokozani Kapichi

Potencial da Gestão Integrada de Resíduos Sólidos para Áreas Periurbanas

ScienciaScripts

Imprint

Any brand names and product names mentioned in this book are subject to trademark, brand or patent protection and are trademarks or registered trademarks of their respective holders. The use of brand names, product names, common names, trade names, product descriptions etc. even without a particular marking in this work is in no way to be construed to mean that such names may be regarded as unrestricted in respect of trademark and brand protection legislation and could thus be used by anyone.

Cover image: www.ingimage.com

This book is a translation from the original published under ISBN 978-620-2-06008-0.

Publisher:
Sciencia Scripts
is a trademark of
Dodo Books Indian Ocean Ltd. and OmniScriptum S.R.L publishing group

120 High Road, East Finchley, London, N2 9ED, United Kingdom
Str. Armeneasca 28/1, office 1, Chisinau MD-2012, Republic of Moldova, Europe
Printed at: see last page
ISBN: 978-620-7-91829-4

RESUMO

Tal como em muitas cidades dos países em desenvolvimento, as pilhas de Resíduos Sólidos Domésticos (RSD) são visivelmente visíveis em muitos locais públicos nas zonas periurbanas do Malawi. A deterioração das condições de gestão dos RSU nas zonas periurbanas do Malawi constitui uma grande preocupação para a saúde e o ambiente, não só para o governo, mas também para as organizações não governamentais (ONG) e para o público em geral.

Esta tese apresenta os resultados da investigação levada a cabo para avaliar o potencial de uma tecnologia descentralizada de Gestão Integrada de Resíduos Sólidos (GIRS) na redução do volume e do peso dos RSU nas zonas periurbanas, como forma de reduzir o custo da recolha e do transporte dos resíduos das zonas periurbanas para as lixeiras designadas.

O estudo foi efectuado na cidade de Zomba. Foi construído um Centro Integrado de Recuperação de Recursos (IRRC) na zona periurbana de Saint Mary, que inclui um incinerador de fabrico local, três camas secas para compostagem de resíduos biodegradáveis e um sistema de reciclagem.

O estudo conseguiu reduzir um volume de 91,1% do total de RSU recolhidos e, em termos de peso, 97,7% foram reduzidos. Trata-se de uma diminuição significativa da quantidade de RSU que necessitam de eliminação final pelas autoridades municipais, o que indica que existe um grande potencial para as tecnologias ISWM na gestão dos RSU nas zonas periurbanas do Malavi.

Por conseguinte, a investigação recomendou uma mudança de política de uma abordagem centralizada para um sistema integrado descentralizado, em que as comunidades são envolvidas na utilização de uma combinação de várias actividades de gestão de resíduos sólidos urbanos de uma forma que melhor proteja a sua comunidade e o ambiente local.

Palavras-chave: *Resíduos Sólidos Domésticos; Periurbano; Gestão Integrada de Resíduos Sólidos; Bio-degradável; Compostagem; Reciclagem; Incineração; Centro Integrado de Recuperação de Recursos.*

ÍNDICE DE CONTEÚDOS

ABREVIATURAS E ACRÓNIMOS

BEAM	Beautify Malawi trust
CBOs	Community Based Organizations
DISWM	Decentralized Integrated Solid Waste Management
DSWM	Decentralized Solid Waste Management
EAD	Environmental Affairs Department
EMA	Environmental Management Act
ESTs	Environmental Sound Technology
GHGs	Green House gases
HSW	Household Solid Waste
IRRC	Integrated Resource Recovery Centers
ISWM	Integrated Solid Waste Management
MNREM	Ministry of Natural Resources, Energy and Mining
MSW	Municipal Solid Waste
MSWL	Municipal Solid Waste Landfill
NCST	National Commission for Science and Technology
NGOs	Non-Governmental Organizations
SDGs	Strategic Development Goals
SRGDI	Sustainable Rural Growth Development
SW	Solid Waste
SWM	Solid Waste Management

UN	United Nations
UNEP	United Nations Environmental Programme
US-EPA	United States Environmental Protection Agency

CAPÍTULO 1

1.0 CAPÍTULO PRIMEIRO: INTRODUÇÃO

A acumulação de um grande volume de Resíduos Sólidos Domésticos (RSD) nas zonas periurbanas do Malavi deve-se principalmente à insuficiência dos fundos operacionais das câmaras municipais para a recolha e o transporte dos resíduos para os locais de descarga designados, uma vez que a maior parte dos RSD é recolhida na sua forma não transformada, o que torna a recolha e o transporte muito dispendiosos. Além disso, as comunidades das zonas periurbanas não participam na gestão dos RSU, uma vez que a gestão dos resíduos é considerada pela maioria dos habitantes das zonas periurbanas como um dever exclusivo das autoridades municipais. Além disso, o mau planeamento da habitação fez com que algumas casas se tornassem inacessíveis para as autoridades municipais recolherem os RSU (Entrevista com a assembleia municipal de Zomba).

A acumulação de resíduos de esgotos em locais públicos, perto de estradas, atrás de mercados ou em rios, como mostra a figura 1, é muito visível em muitas zonas periurbanas do Malawi, o que suscita grandes preocupações quanto ao saneamento das pessoas e à poluição do ambiente em geral.

Figura 1- Resíduos sólidos domésticos ao longo de uma estrada numa das zonas periurbanas de Zomba

A deterioração das condições sanitárias nas zonas periurbanas obrigou o governo do Malavi, as ONG e as comunidades a encontrarem formas de gerir os resíduos sólidos urbanos (RSU), a fim de obterem um ambiente saudável e mais limpo, em conformidade com o Objetivo de Desenvolvimento

Sustentável (ODS) - "*água potável e saneamento*" (ONU, 2017). Por conseguinte, o Governo do Malavi pretende garantir que todas as pessoas no Malavi possuam e tenham acesso a instalações de saneamento melhoradas, pratiquem uma higiene segura e a reciclagem segura de resíduos líquidos e sólidos para uma gestão ambiental sustentável e um desenvolvimento socioeconómico (Governo do Malavi, 2004).

Atualmente, o Malawi utiliza uma abordagem centralizada na gestão dos RSU. De acordo com o Governo do Malawi (2010), a responsabilidade pela gestão dos resíduos sólidos urbanos é confiada aos municípios, que são responsáveis pela atribuição de terrenos para locais de eliminação de resíduos sólidos, pela recolha e tratamento de resíduos sólidos e, por vezes, pela elaboração de regulamentos relativos à gestão de resíduos sólidos.

Apesar dos esforços do governo para gerir os RSU, o problema ainda persiste em muitas zonas periurbanas. É neste contexto que este estudo foi efectuado. O estudo centrou-se essencialmente na avaliação do potencial das tecnologias descentralizadas de Gestão Integrada de Resíduos Sólidos (GIRS) na redução do volume e do peso dos RSU nas zonas periurbanas.

1.1 Descrição do problema

A acumulação crescente de RSU em locais públicos nas zonas periurbanas continuará a ameaçar a saúde das pessoas e a gestão ambiental, uma vez que a taxa de urbanização permanece elevada no Malavi (UN-Habitat, 2011). Atualmente, a migração rural-urbana no Malawi está a crescer a uma taxa anual de 5,2% (hove, 2011), que é superior à da maioria dos países da África Austral. Esta rápida urbanização irá provavelmente resultar num aumento da procura de serviços sanitários e, consequentemente, piorar a atual situação de saneamento nestas áreas. Num estudo realizado pelo UN-HABITAT (2011), o agravamento das condições sanitárias resultante da rápida urbanização foi observado na cidade de Zomba, onde um sistema de esgotos era incapaz de suportar uma população de 85.000 pessoas, porque foi concebido para 35.000 pessoas em 1950. Uma situação semelhante foi observada na gestão dos RSU em Zomba. O ritmo a que a urbanização está a ocorrer está, portanto, a limitar as autoridades municipais a planear o aumento da população da cidade e a sobrelotação nestas áreas é uma receita para um saneamento ainda mais deficiente (Governo do Malawi, 2009).

Outro problema decorrente da rápida urbanização é o facto de a deposição em aterro se estar a tornar uma forma menos adequada de gerir os RSU, uma vez que os espaços de deposição estão a diminuir em resultado da expansão da habitação e há uma maior dificuldade em encontrar locais adequados, para além de serem necessários grandes investimentos para a construção de novas instalações de deposição (Hugo, 2005).

A situação da gestão dos resíduos sólidos urbanos nas zonas periurbanas exige, por conseguinte, um sistema de gestão de resíduos adequado para atenuar o problema e evitar que a situação se agrave num futuro próximo. Por conseguinte, é necessário procurar e aplicar uma estratégia de gestão sustentável dos RSU a longo prazo.

1.2   Fundamentação do estudo

É evidente que não existe um método único que possa ser considerado o melhor para tratar todos os resíduos sólidos urbanos de uma forma sustentável do ponto de vista ambiental e económico. Por conseguinte, em vez de se centrar na comparação de várias opções de gestão dos RSU, a gestão integrada descentralizada dos resíduos sólidos (ISWM) procura combinar uma vasta gama de opções que se complementam mutuamente, a fim de obter um sistema sustentável do ponto de vista ambiental e económico para uma determinada área.

Uma abordagem descentralizada de ISWM para a gestão de RSU tem sido fundamental em muitos países como a Índia, China, Japão e Nigéria (Mader, 2011). É, portanto, ideal replicar a mesma abordagem e avaliar a sua adequação no contexto do Malawi, uma vez que uma percentagem substancial dos resíduos periurbanos no Malawi é também biodegradável, como em muitos outros países em desenvolvimento, e, portanto, potencialmente reutilizável ou reciclável para extração de energia.

Este estudo está em linha com os esforços do governo e os Objectivos de Desenvolvimento Estratégico (ODS) para ter um ambiente limpo e sustentável. As conclusões do estudo irão, por conseguinte, informar os decisores políticos e outras partes interessadas sobre o potencial da utilização de tecnologias de ISWM na redução do volume e do peso dos resíduos sólidos urbanos num contexto malawiano. As conclusões do estudo também motivarão as comunidades a olhar para os resíduos como um recurso que pode trazer ganhos económicos.

1.3   OBJECTIVOS

1.3.1   Objetivo geral

O principal objetivo do estudo foi avaliar o potencial das tecnologias descentralizadas de Gestão Integrada de Resíduos Sólidos (ISWM) na gestão de resíduos sólidos urbanos em áreas periurbanas no Malawi.

1.3.2   Objectivos específicos

Especificamente, o projeto visava

1. Conceber tecnologias ISWM adequadas para a gestão dos RSU.

2. Reduzir o volume e o peso dos RSU utilizando tecnologias ISWM.

3. Aproveitamento da energia da HSW.

CAPÍTULO 2

2.1 CAPÍTULO DOIS: REVISÃO DA LITERATURA

Esta análise da literatura baseia-se em fontes empíricas, revisões teóricas e documentos de orientação, tendo sido citados vários livros, publicações, artigos de revistas e Actas. Foram também utilizados artigos electrónicos de diferentes sítios Web.

2.2 Resíduos sólidos urbanos (RSU)

O termo "resíduos urbanos" aplica-se aos resíduos sólidos produzidos pelos agregados familiares, bem como aos resíduos sólidos de carácter semelhante provenientes de lojas, escritórios e outras unidades comerciais. Os níveis de produção de resíduos urbanos são diretamente proporcionais aos níveis de industrialização e aos níveis de rendimento (US EPA, 2002).

Os RSU também podem ser definidos como uma mistura heterogénea de papel, plástico, tecido, metal, vidro, matéria orgânica, etc., gerada a partir de residências, estabelecimentos comerciais e mercados. Mwanza & Phiri (2013). A proporção dos diferentes constituintes dos resíduos varia de estação para estação e de local para local, dependendo do estilo de vida, dos hábitos alimentares, dos padrões de vida, da extensão das actividades industriais e comerciais na área, etc. Os materiais de embalagem estão a tornar-se um componente cada vez mais importante dos resíduos urbanos nos países desenvolvidos (Saikia, 2015).

2.3 Gestão dos RSS nos países do Terceiro Mundo - Uma visão geral

A gestão dos RSU representa um grande desafio para muitas cidades nos países em desenvolvimento, onde o rápido crescimento populacional, a fraca governação local e os recursos financeiros limitados contribuíram para uma gestão deficiente dos RSU. A gestão dos RSU nos países em desenvolvimento requer um orçamento elevado, com os governos locais a despenderem 20 a 50% dos seus orçamentos na gestão dos RSU (UN Habitat, 2010). Os RSU nos países em desenvolvimento são maioritariamente constituídos por RSU (55-80%), seguidos por áreas comerciais ou de mercado (10-30%), (Miezah etal, 2015).

A elevada taxa de urbanização está a tornar-se um dos principais factores que contribuem para a má gestão dos RSU nas cidades dos países em desenvolvimento. À medida que mais pessoas das zonas rurais se deslocam para as zonas urbanas, esta imigração inesperada tem resultado na proliferação de bairros de lata e de ocupantes nas cidades dos países em desenvolvimento (Vij, 2012), sobrecarregando a capacidade das autoridades municipais para fornecerem até mesmo os serviços sanitários básicos.

Em muitos países em desenvolvimento, a composição dos resíduos sólidos urbanos produzidos é heterogénea. Na composição dos RSU, destacam-se os resíduos alimentares, os resíduos de jardim, a madeira, os plásticos, os papéis, os metais, o couro, as borrachas, os materiais inertes, as pilhas, as embalagens de tinta, os têxteis, os materiais de construção e demolição e muitos outros. Apesar da heterogeneidade, a maioria dos resíduos sólidos urbanos produzidos nos países em desenvolvimento é biodegradável. Um estudo efectuado por Miezah etal (2015), no Gana, concluiu que a taxa nacional de produção de RSU para os resíduos biodegradáveis era de 0,318 kg por pessoa por dia, em comparação com os resíduos não biodegradáveis ou recicláveis, que era de 0,096 kg por pessoa por dia. Num estudo semelhante realizado em Kuala Lumpur, os resíduos sólidos urbanos consistiam em 45% de resíduos orgânicos, o que constituía a maior composição (Monney etal, 2013). Do mesmo modo, em Nova Deli, vários estudos mostram que cerca de 50% dos seus RSU são orgânicos (Kapoor, 2015).

A recolha e o transporte de RSU continuam a ser deficientes na maioria das cidades dos países em desenvolvimento (Anomanyo, 2004)). No município de Nakuru, no Quénia, foram gerados cerca de 250 milhões de RSU em 1997 e apenas cerca de 20% foram recolhidos pelos municípios e empresas privadas (Mwanzia etal, 2013). E em Accra e Kumasi- as duas maiores cidades do Gana, mais de

3.000tons de resíduos sólidos que são gerados diariamente, mas menos de 70% é recolhido (Vitorino de Souza Melare, 2016). Mais de metade (69%) dos residentes entrevistados num inquérito sobre a gestão de resíduos no Gana manifestaram descontentamento com a qualidade dos serviços de recolha de resíduos (Monney, 2013).

Prevê-se que a produção de resíduos nos países em desenvolvimento aumente nos próximos anos. Em Selangor, na Malásia, a produção de resíduos em 1997 foi de pouco mais de 3000 toneladas por dia, prevendo-se que esta quantidade aumente para 5700 toneladas por dia no ano de 2017 (Desa etal, 2011). No Quénia, prevê-se que a quantidade atual de RSU produzidos (2000 toneladas por dia) aumente para 10171 toneladas por dia até 2025 (Mwanzia etal, 2013).

Em muitos países desenvolvidos, a maioria dos RSS continua a ser depositada em aterros, estando a reciclagem ainda a dar os primeiros passos. Em 2015, quase 95-97% dos RSU recolhidos em Kuala Lumpur eram levados para aterros para eliminação, sendo apenas cerca de 5% reciclados (Desa etal, 2011). Este método tradicional de eliminação é considerado a escolha menos favorável na hierarquia de gestão de resíduos, uma vez que denota a perda de recursos valiosos e pode conduzir a maiores impactos ambientais (Jeswani & Azapagic, 2016). Além disso, é cada vez mais difícil encontrar espaço para novos aterros nas áreas municipais.

Com o impulso para uma gestão ambiental sustentável a ganhar força, a deposição em aterro está a tornar-se cada vez menos uma estratégia ideal de gestão de resíduos. Como resultado, tem havido recentemente uma mudança da deposição em aterro para uma abordagem de Gestão Integrada de Resíduos Sólidos (ISWM) onde a recuperação de recursos está no centro do sistema de Gestão de Resíduos Sólidos (Kokate & Sasane 2014). Os principais objectivos da Gestão Integrada de Resíduos Sólidos são a criação de um ambiente limpo e higiénico, livre de lixo na área selecionada; a minimização da eliminação de resíduos através da utilização de resíduos como um recurso para a geração de riqueza; a conversão de resíduos biodegradáveis em composto; e a educação da comunidade e a sua sensibilização para os seus papéis e responsabilidades na gestão de resíduos sólidos (Saikia, 2015).

A recuperação de recursos de resíduos sólidos tem sido fundamental em muitos países, especialmente nos países desenvolvidos, por exemplo, a proporção de RSU depositados em aterro diminuiu no Reino Unido de 70% em 2004 para 34% em 2013 devido às políticas de recuperação de resíduos sólidos (Jeswani & Azapagic, 2016).

2.4   Panorama da gestão de resíduos sólidos no Malawi

Com o rápido aumento da taxa de urbanização no Malawi, tal como em muitos outros países do terceiro mundo, verifica-se um aumento correspondente na produção de RSU. As autarquias locais das cidades e vilas do Malawi não estão a conseguir recolher e transportar os RSU para os locais de eliminação designados, o que leva à acumulação desses RSU em muitos locais públicos e sensíveis do ponto de vista ambiental. Mesmo os RSU que conseguem recolher acabam por ser eliminados de forma deficiente.

As comunidades de baixo rendimento nas áreas periurbanas são as que normalmente são privadas de uma recolha de lixo adequada, principalmente devido a um planeamento habitacional deficiente que torna essas áreas inacessíveis aos veículos de transporte para recolher os resíduos sólidos urbanos, pelo que os residentes nessas áreas costumam despejar o seu lixo no espaço público mais próximo ou no rio.

O Governo do Malawi está determinado a melhorar a proteção do ambiente e a integrar os seus sistemas de gestão dos resíduos sólidos, adoptando várias políticas, como o Plano Nacional de Ação Ambiental (NEAP) em 1994. O Governo do Malawi, através do Parlamento, promulgou também a Lei de Gestão Ambiental em junho de 1996, que preconiza uma gestão sustentável dos resíduos sólidos. O Departamento de Assuntos Ambientais (EAD) é a instituição governamental responsável pela coordenação das políticas e programas ambientais no Malawi (Governo do Malawi, 2004).

A ideia de descentralização e capacitação local na gestão ambiental no Malawi remonta a 1998, quando o governo promulgou a Lei do Governo Local com o objetivo de transferir a autoridade do governo central para os distritos e municípios. Nos últimos anos subsequentes, assistiu-se a revisões significativas da legislação ambiental e, em muitos casos, à incorporação da participação da comunidade na gestão do ambiente (Ferguson & Mulwafu, 2004). No entanto, um estudo efectuado pelo NCST em 2014 lamenta a falta de estatutos relevantes para apoiar a implementação eficaz de políticas de saneamento e o cumprimento dos regulamentos de gestão de resíduos sólidos.

A maior parte dos resíduos sólidos urbanos gerados no Malavi são biodegradáveis. Um estudo efectuado pela NCST em 2014 revelou que mais de 68% dos resíduos produzidos são orgânicos. A NCST observa ainda que a taxa global de produção de resíduos é mais elevada em Lilongwe, com 0,493 kg por dia per capita, seguida de Mzuzu, com 0,479 kg por dia per capita, 0,479 kg por dia per capita em Blantyre e a mais baixa, com 0,433 kg por dia per capita, em Zomba.

Os métodos de gestão dos RSU a todos os níveis vão desde a queima (sendo o mais elevado com 63%) a nível doméstico, o despejo em espaços abertos, o enterramento e a eliminação nas lixeiras das cidades. (NCST, 2014). Muito pouca compostagem é efectuada a todos os níveis, com uma proporção tão baixa como 10% ao nível das entidades comerciais, enquanto que não é efectuada qualquer compostagem no mercado, educação e instituições de ensino de saúde. A compostagem a nível comunitário também é quase inexistente, exceto em algumas Organizações de Base Comunitária (OBC) e Organizações Não Governamentais (ONG). (NCST, 2014). Trata-se, por conseguinte, de uma oportunidade perdida, uma vez que a maior parte dos RSS gerados é biodegradável.

A participação de ONG, OBC e outros intervenientes não estatais nas actividades de RSU é também muito limitada. Algumas ONG que participam na gestão de resíduos sólidos no Malawi incluem:

1. A Iniciativa para o Crescimento e Desenvolvimento Rural Sustentável (SRGDI), uma ONG

local que está a trabalhar com as comunidades de Bangwe, em Blantyre, para identificar as más práticas de gestão de resíduos e trabalhar com elas para resolver esses problemas;

2. A Water Aid Malawi, que está a trabalhar com parceiros locais, formando-os e orientando-os na valorização dos resíduos através da triagem, da reciclagem e da compostagem; e

3. Beautify Malawi Trust (BEAM), que está envolvido na mobilização de recursos para a gestão de resíduos e na realização de campanhas de limpeza de resíduos sólidos nas cidades, entre outros.

A recolha de RSU é geralmente deficiente no Malavi (Assa, 2013). O UN-HABITAT estimou que apenas 30% dos resíduos sólidos são recolhidos em Lilongwe, 28% em Blantyre, 10% em Mzuzu e apenas 8% em Zomba (UN-HABITAT, 2012). Esta deficiente recolha e transporte de resíduos sólidos é atribuída à falta de equipamento e de assistência financeira.

Os resíduos sólidos na cidade de Blantyre são depositados em Mzedi, em Lilongwe na lixeira da Área 38, em Zomba a 4 milhas ao longo da estrada Zomba - Blantyre e em Mzuzu em Mchengautuwa. Todas estas lixeiras estão localizadas perto de edifícios residenciais, pelo que podem ser facilmente alcançadas pelos residentes, incluindo crianças.

É provável que a produção de resíduos no Malawi aumente para um nível alarmante nos próximos anos.

Prevê-se que a produção anual de resíduos em Blantyre aumente para 610 toneladas por dia a partir das actuais 311 toneladas por dia; 862 toneladas por dia a partir de 372 toneladas por dia para Lilongwe; 193 toneladas por dia a partir de 71 toneladas por dia para Mzuzu; e 103 toneladas por dia a partir de 42 toneladas por dia para Zomba até 2025 (NCST, 2013: UN-HABITAT, 2012).
O Malawi tem um grande potencial para utilizar os resíduos sólidos urbanos a nível local. Em primeiro lugar, como mais de 65% dos resíduos são orgânicos, o potencial de compostagem e de produção de biogás é grande. Em segundo lugar, os plásticos podem ser reutilizados e reciclados para fazer novos produtos, como artesanato e material de embalagem, só para mencionar alguns. Por

último, os resíduos de papel têm potencial para serem reciclados para produzir briquetes, papel higiénico e muitos outros.

2.5 Situação dos RSU em Zomba

As práticas de gestão de RSU utilizadas pelos residentes das zonas periurbanas de Zomba incluem Incineração-especialmente resíduos de varredura doméstica; e colocação de resíduos sólidos em caixotes do lixo, fossas de lixo, arbustos, jardins e fossas compostas. Tal como em muitas outras partes do país, as fossas de lixo são o método mais utilizado em Zomba, representando cerca de 69,4% da preferência (Governo do Malawi, 2007). A Figura 2 mostra algumas das práticas de deposição de resíduos sólidos urbanos entre os residentes da zona periurbana de Zomba. A Figura 2 (a) mostra uma fossa de lixo escavada manualmente, encontrada maioritariamente em agregados familiares de baixos rendimentos. A Figura 2 (b) mostra um caixote do lixo de resíduos sólidos urbanos (RSU), normalmente encontrado em agregados familiares com rendimentos médios a elevados.

Figura 2- (a) Fosso para resíduos sólidos urbanos (b) Caixote do lixo de plástico para resíduos sólidos urbanos

O acesso aos serviços de recolha de RSU em Zomba é dificultado por uma série de factores, entre os quais: falta de fundos para a assembleia municipal recolher os resíduos regularmente; elevada taxa de produção de RSU em resultado de uma urbanização em rápido crescimento; e um planeamento habitacional deficiente que torna muitas áreas inacessíveis para a assembleia municipal recolher os RSU. Estes factores resultam na baixa qualidade dos serviços de recolha de RSU prestados a algumas comunidades específicas, pelo que, em alguns locais, os RSU não são recolhidos durante um mês ou mais, sendo posteriormente espalhados por animais e arrastados pelo vento ou pela chuva (entrevista com residentes).

Os resíduos sólidos urbanos não recolhidos entram nas fontes de água, especialmente durante a estação das chuvas, quando são arrastados pelos rios e ribeiros para lagos e outras fontes de água. As comunidades que dependem desses recursos hídricos ficam consequentemente expostas a doenças fatais transmitidas pela água, como a cólera, a bilharziose, a febre tifoide e a disenteria. Estudos efectuados em torno do Lago Chilwa mostraram que as comunidades circundantes sofrem frequentemente destes problemas, especialmente durante a estação das chuvas (Governo do Malawi, 2007

Como forma de lidar com a má gestão dos resíduos sólidos, a Assembleia Municipal de Zomba, em parceria com simpatizantes, construiu Bunkers de Resíduos Sólidos em áreas seleccionadas para funcionarem como centros de recolha de lixo, uma vez que a maioria dos agregados familiares não tem acesso fácil (Entrevista com a Assembleia Municipal). No entanto, isto apenas transferiu o problema das famílias individuais para uma área, uma vez que a Assembleia Municipal continua a não conseguir recolher regularmente os resíduos dos banqueiros devido à falta de fundos.

Atualmente, a Assembleia Municipal de Zomba continua a utilizar uma lixeira a céu aberto, como mostra a figura 3.

A lixeira a céu aberto está localizada a 4 milhas ao longo da estrada Zomba-Blantyre. É queimado regularmente para reduzir o volume dos resíduos (UN-HABITAT, 2011). Esta descarga de resíduos a céu aberto pode ser uma das principais causas de poluição do ar, da água e do solo.

Figura 3-Zomba lixeira a céu aberto a 4 milhas ao longo da estrada Blantyre Zomba M1

2.6   Impactos na saúde e no ambiente da má gestão dos resíduos sólidos nos países em desenvolvimento

países

Com a abundância de lixeiras a céu aberto não controladas em muitas cidades dos países em desenvolvimento, as preocupações com a saúde das pessoas e a degradação ambiental são galopantes. Esta secção descreve os principais impactos na saúde e no ambiente resultantes de uma gestão inadequada dos resíduos sólidos nas cidades do terceiro mundo.

Em primeiro lugar, os lixiviados dos resíduos sólidos em lixeiras não controladas podem infiltrar-se no solo e contaminar os solos e os aquíferos subterrâneos. Num estudo realizado por Ali etal, (2003), os solos de um local de descarga de resíduos sólidos a céu aberto no sector H-10 da cidade de Islamabad mostraram que o valor médio de chumbo (Pb) era muito elevado no local de eliminação (133,23 ug g^{-1}) do que no local de controlo (67,06 ug g- i). O estudo observou ainda uma diferença significativa nos valores médios de Cu, Ni, Cr e Zn em ambos os locais. Verificou-se que eram baixos nos locais de controlo, ao passo que eram significativamente mais elevados nos locais de eliminação de resíduos. Os valores médios de Cu, Ni, Cr e Zn eram 9,46 ug g "i, 27,15 ug g "i, 0,85 ug g- i, e

196,99 ug g- i no local de controlo, enquanto eram 19,79 ug g- i, 101,92 ug g- i, 3,45 ug g- i, e 632,48

ug g- i respetivamente no local de eliminação. Outro estudo efectuado em South Lunzu Township -

uma área periurbana na cidade de Blantyre, no Malawi, indicou que, bacteriologicamente, tanto as

águas subterrâneas como as águas superficiais estão gravemente poluídas devido à falta de instalações

sanitárias e à eliminação indiscriminada de resíduos (Palamuleni, 2002). O estudo de Palamuleni

(2002) observou que a contagem de coliformes na nascente de água subterrânea variava entre 190/100

ml e 9500/100 ml, e no poço entre 3500/100 ml e 11.000/100 ml. Os resultados das águas superficiais

também indicaram que a contagem de coliformes variava de 2900/100 ml a 4600/100 ml. Estes

valores observados são muito superiores à norma mínima da Organização Mundial de Saúde (OMS)

e do Gabinete de Normas do Malawi (MBS) para a água potável, que é 0, e à norma do Departamento

de Águas para a água não tratada, que varia entre 10-50 coliformes/100 ml. Esta contaminação da

água e do solo pode conduzir a um fraco rendimento das culturas, bem como a surtos de doenças.

Além disso, os resíduos sólidos que se acumulam em locais públicos ou em lixeiras a céu aberto
favorecem a multiplicação de moscas e ratos, entre outros, que podem ser vectores de doenças.
Doenças como a disenteria, a enterite, a febre tifoide, a hepatite e a cólera podem proliferar devido à
má gestão dos resíduos sólidos e essas doenças são amplificadas nos países em desenvolvimento
devido aos climas quentes, que aceleram a reprodução dos vectores de doenças Tchobanoglous et al.,
(1993). Por outro lado, alguns canais de drenagem podem ser bloqueados pelos RSU não recolhidos,
o que pode, consequentemente, produzir poças de água estagnada onde se podem reproduzir insectos
como os mosquitos que podem transportar a malária. Sankoh etal, (2013) examinaram os impactos
ambientais e na saúde dos agregados familiares que vivem em torno da lixeira de Granville Brook
em Freetown, Serra Leoa, cujos resultados revelaram que os residentes das proximidades sofriam de
doenças relacionadas com a localização da lixeira mais próxima das suas povoações, sendo a malária
a mais prevalente.

Além disso, os produtos orgânicos em decomposição provenientes dos resíduos sólidos libertam

metano e outros gases com efeito de estufa que representam cerca de 3,6% das emissões de gases

com efeito de estufa no mundo (PNUA, 2009). Estes gases com efeito de estufa podem contribuir

para o aquecimento global e as alterações climáticas. Thomas etal (2003) observa que, mesmo antes

de um produto se tornar um resíduo sólido, passa por um longo ciclo que envolve a remoção, o processamento de matérias-primas, o fabrico do produto, o transporte dos produtos para os mercados e a utilização de energia para operar o produto. Cada uma destas actividades tem o potencial de gerar emissões de gases com efeito de estufa de uma forma ou de outra.

2.7   Sistema de gestão integrada de resíduos sólidos (ISWM)

O sistema de Gestão Integrada de Resíduos Sólidos (GIRS) é um quadro de planeamento para a gestão de resíduos sólidos que se centra em processos participativos de baixo para cima, concebidos para melhorar a gestão de resíduos numa determinada área (Saikia, 2015). Considera todos os métodos de prevenção de resíduos, recolha de resíduos, recuperação de recursos e eliminação segura de resíduos sólidos e escolhe a melhor combinação de métodos para atingir os objectivos específicos de gestão de resíduos sólidos de uma determinada comunidade (IPLA, 2012). A ISWM reconhece a necessidade de os sistemas de gestão de resíduos serem adaptados às comunidades que servem e tem em consideração os aspectos sociais, económicos e ambientais dessas comunidades (van de Klundert & Anschutz, 1999).

As actividades importantes num sistema de gestão integrada de resíduos sólidos incluem a prevenção de resíduos, a reciclagem, a reutilização, a compostagem, a combustão e a deposição em aterro. Um sistema eficaz de GIRS tem em conta as necessidades e condições locais, seleccionando depois uma combinação das actividades de gestão de resíduos mais adequadas a essas condições.

2.8   Benefícios de um bom sistema de gestão descentralizada e integrada de resíduos sólidos urbanos

Graças à aplicação de boas práticas de gestão dos RSS, tanto a saúde pública como a qualidade do ambiente são direta e substancialmente beneficiadas. Uma abordagem integrada é um elemento importante de uma boa prática de gestão dos RSS porque:

Em primeiro lugar, um sistema adequado de gestão dos RSS pode ser implementado a um custo razoável. Isto é importante porque é um facto conhecido que os custos de gestão dos RSS na maioria dos países em desenvolvimento são elevados, apesar de o nível de serviço ser inferior às normas.

Por conseguinte, é possível obter um sistema de gestão de RSU com uma boa relação custo-eficácia através de uma abordagem descentralizada de gestão integrada de RSU.

A outra vantagem é o facto de determinados fluxos de RSS poderem ser geridos mais facilmente utilizando uma combinação de métodos em vez de um só. Só é possível gerir todos os RSS de forma eficiente quando todos os RSS de uma determinada região são geridos como parte de um único sistema (Guadalajara & Guadalajara, 2012).

Uma abordagem integrada permite que a participação dos sectores público, privado e informal se complementem para benefício de todos. A participação da comunidade assegura a apropriação local e a responsabilidade pela existência contínua de um determinado sistema de RSU.

2.9   Quadro teórico

O objetivo desta secção é desenvolver um quadro teórico que sirva de ferramenta adequada para avaliar o potencial de um sistema integrado e descentralizado de gestão de resíduos sólidos na gestão dos RSU em zonas periurbanas do Malawi. Foram utilizados dois quadros teóricos neste estudo - o modelo de Gestão Integrada e Sustentável de Resíduos (ISWM) e o modelo do Centro Integrado de Recuperação de Recursos (IRRC). O objetivo é selecionar os aspectos das teorias que são mais relevantes para serem incluídos no quadro concetual deste estudo.

2.9.1   Modelo de gestão integrada e sustentável dos resíduos (ISWM).

O sistema de Gestão Integrada e Sustentável de Resíduos (ISWM) foi introduzido pela WASTE em 1995 para melhorar o sistema anterior que negligenciava as características únicas de uma determinada sociedade, economia e ambiente na gestão de resíduos (van de Klundert, 1999). De acordo com Guerrero (2012), o modelo ISWM reconhece a importância de três dimensões aquando da análise, desenvolvimento ou alteração de um sistema de gestão de resíduos. As dimensões são: as partes interessadas; um ambiente propício; e tecnologias para a gestão de resíduos. O sistema ISWM foi

testado em países como a China, a Índia e a

Lesoto, onde foi bem recebido pelas autoridades locais (van de Klundert, 1999).

A Figura 4 mostra o modelo ISWM adotado do WASTE 2004.

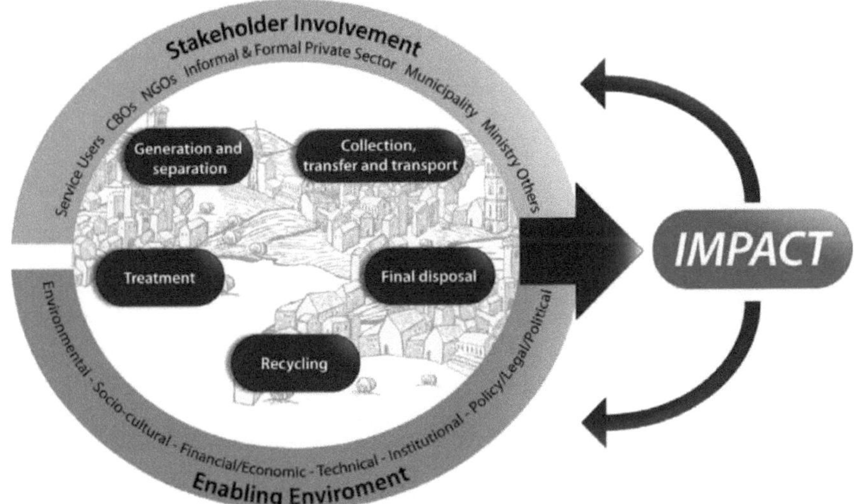

Figura 4- Modelo ISWM: Adotado de WASTE 2004

Os seguintes aspectos do ISWM são vitais para esta investigação.

Participação das partes interessadas - As boas práticas nos sistemas de gestão de resíduos exigem

a participação de várias partes interessadas a todos os níveis. De seguida, apresentam-se alguns dos

participantes que são vitais na gestão de resíduos.

Geradores de resíduos - Têm a grande responsabilidade de reduzir, separar e eliminar adequadamente

os resíduos.

Governo - A política *geral* de gestão dos resíduos sólidos é estabelecida a nível nacional pelo governo,

através dos ministérios e municípios competentes. Os governos têm também a responsabilidade geral

de assegurar a recolha de resíduos.

Empresas do sector privado - Estão envolvidas na recolha e tratamento de resíduos; na varredura de ruas; e na recuperação de materiais com o objetivo de obter lucros.

Organizações não governamentais - As organizações *não governamentais* (ONG) que têm por missão melhorar o ambiente ou a qualidade de vida dos grupos pobres ou marginalizados podem estimular as pequenas empresas e outros projectos.

Tecnologias para a gestão de resíduos - O sistema de gestão de resíduos sólidos requer a utilização de tecnologias ambiental e economicamente correctas (ESTs). Algumas das tecnologias incluem as seguintes:

Estações de recolha primária e de transferência - Podem incluir os contentores de recolha de resíduos para RSU separados e contentores especiais para resíduos perigosos.

Transporte - Abrange todos os tipos de veículos em funcionamento para transportar os RSU do seu ponto de produção para a estação de transferência e desta para o local de tratamento e eliminação.

Tratamento - Inclui a separação dos diferentes tipos de resíduos, a recuperação, a reciclagem, a incineração e a eliminação final.

Eliminação final - Embora o aterro sanitário seja a tecnologia mais comum em todo o mundo, os métodos convencionais e prejudiciais para o ambiente, incluindo a queima a céu aberto, o opendumping e o aterro não sanitário, ainda podem ser evidenciados.

Ambiente propício - Este aspeto diz respeito sobretudo ao governo, que deve criar políticas e actividades que sejam socialmente aceitáveis e economicamente viáveis tanto para os investidores como para as comunidades locais.

2.8.2 O modelo do Centro Integrado de Recuperação de Recursos (IRRC)

Trata-se de um método descentralizado de gestão de resíduos. São criados pequenos centros de gestão de resíduos chamados Centros Integrados de Recuperação de Recursos (IRRC) dentro da localidade. Estes centros podem ser organizações com ou sem fins lucrativos que se dedicam à recolha, transporte e processamento de cerca de 2 a 20 toneladas métricas de resíduos da localidade circundante (Mwanzia etal, 2013).

O modelo IRRC utiliza uma tecnologia simples, é de baixo custo e tem como objetivo a viabilidade financeira através da conversão de resíduos orgânicos em composto e da valorização dos resíduos recicláveis. O modelo IRRC foi assim concebido para minimizar os resíduos e para recuperar o valor dos resíduos, convertendo-os em recursos. (Storey etal, 2013). A Figura 5 é um modelo IRRC modificado de Storey etal, 2013.

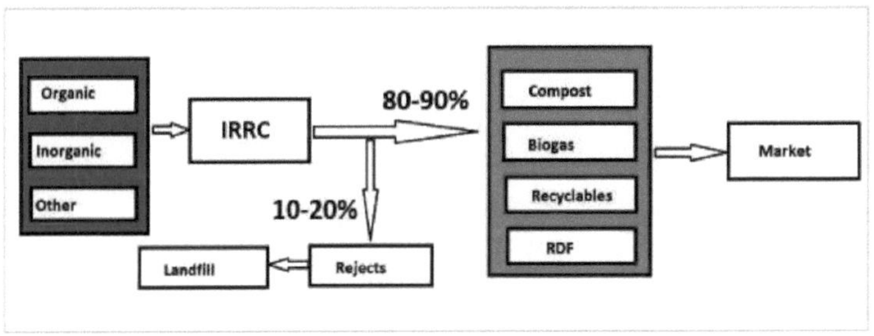

Figura 5-Modificado do modelo IRRC de Storey etal, (2013).

Os principais aspectos do modelo IRRC que são relevantes para este estudo são:

Separação de fontes: Com o objetivo de recuperar os recursos antes que estes percam a sua utilidade e valor.

Meios de subsistência: O IRRC oferece empregos verdes aos pobres urbanos e aos catadores de lixo, pois utiliza uma tecnologia simples, replicável e de baixo custo que requer trabalho manual.

Sustentabilidade financeira: O modelo IRRC foi concebido para funcionar de forma financeiramente sustentável, cobrindo todas as despesas operacionais, e tem potencial para gerar lucros limitados.

Eficácia: A IRRC foi concebida para recuperar pelo menos 80% dos resíduos que chegam à instalação.

CAPÍTULO 3

3.1   CAPÍTULO TRÊS: METODOLOGIA

Esta secção descreve as principais medidas e actividades que foram tomadas para atingir os objectivos do estudo. A metodologia de investigação para este estudo foi principalmente quantitativa, mas sempre que necessário utilizou também métodos qualitativos para recolher dados primários e secundários.

A principal técnica de recolha de dados para este estudo foi através de um projeto. No entanto, o estudo também aplicou questionários aos conselhos municipais, aos líderes das autoridades locais e aos participantes na investigação para obter informações importantes sobre a situação da gestão dos RSS na cidade de Zomba. As observações no terreno também fizeram parte da metodologia deste estudo para recolher informações que não foram abrangidas pelos questionários.

3.2   Área de estudo

O estudo foi realizado em zonas periurbanas da cidade de Zomba, onde a gestão dos RSU constitui um desafio. As áreas carecem de um planeamento adequado da habitação, uma vez que a maioria dos terrenos é propriedade privada. Os agregados familiares seleccionados para participar na investigação eram das zonas periurbanas de Ndola, St Mary's e Bwaila.

De acordo com o relatório do perfil socioeconómico do distrito de Zomba (Governo do Malawi, 2007), o distrito de Zomba cobre uma área de 2.580 quilómetros quadrados, o que representa cerca de 3% da área total do Malawi. O Distrito partilha fronteiras com o Distrito de Machinga a Norte, o Distrito de Balaka a Noroeste, os Distritos de Mulanje e Phalombe a Sul, o Distrito de Chiradzulu a Sudoeste e a República de Moçambique a Leste. A topografia do Distrito de Zomba varia entre as regiões montanhosas e acidentadas do Zomba

O distrito de Zomba está situado entre o planalto de Zomba e as planícies largas e planas do lago Chilwa, a leste. Os principais rios do distrito de Zomba são o Shire, o Likangala, o Thondwe, o Domasi, o Mulunguzi, o Naisi, o Namadzi, o Phalombe Lintipe e o Likwenu. O lago Chilwa, localizado a 25 km a leste do distrito, é o único lago do distrito e a fonte de água e peixe mais importante para muitos residentes do distrito e das áreas circundantes. Zomba tem um clima tropical com três estações principais - frio-seco, quente-seco e quente-húmido, que vão respetivamente de abril a julho, agosto a outubro e novembro a março. De acordo com o Censo da População e Habitação de 2008, efectuado pelo Instituto Nacional de Estatística, o distrito de Zomba tinha uma população total de 583 167 habitantes, representando 4,5% da população total do Malavi. A taxa média de crescimento anual da população entre os censos de 1998 e 2008 foi estimada em 2,0%, sendo assim consideravelmente inferior à média malawiana de 2,8%. A figura 6 é um mapa que mostra a área de estudo.

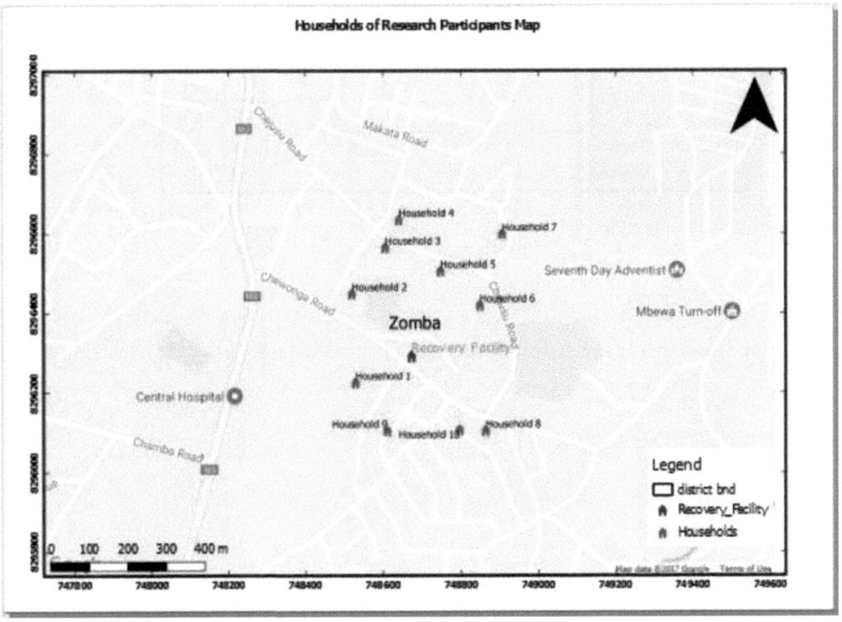

Figura 6-Mapa de Zomba mostrando o local de estudo

3.3   Amostragem e dimensão da amostra

Foram amostrados aleatoriamente 10 agregados familiares num raio de 800 metros do IRRC.

Foi obtida a autorização dos participantes na investigação e foi efectuada uma orientação antes do início da investigação.

3.4   Conceção do Centro Integrado de Recuperação de Recursos

O Centro Integrado de Recuperação de Recursos foi construído na área periurbana de Saint Mary, incluindo um incinerador de fabrico local (para combustão); camas secas (para compostagem); e uma área verde (para cultivo de vegetais). A Figura 7 mostra o diagrama esquemático do IRRC.

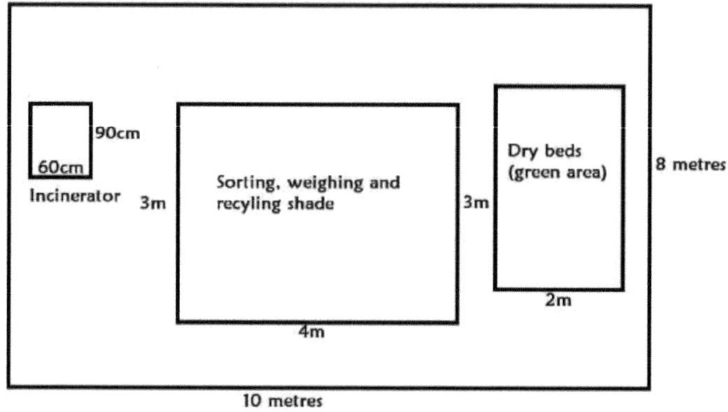

Figura 7- Esquema do IRRC

3.2.1   O incinerador

A Figura 8 mostra uma imagem do incinerador que foi construído no Centro de Recursos Integrados Centro de recuperação.

O incinerador media 60cm X 90cm. Foi construído com tijolos cozidos tradicionais.

O incinerador tinha dois compartimentos separados por um fio grosso. O compartimento inferior destinava-se à combustão e o compartimento superior à recolha da energia da combustão no compartimento inferior. Os lados do incinerador tinham um sistema de ventilação de ar para assegurar a circulação de ar no compartimento inferior para uma combustão completa.

3.3.2 A sombra

A sombra media 4m X 3m. A figura 9 mostra uma fotografia de parte da pala construída na instalação de recuperação. A segregação, pesagem e reciclagem dos resíduos de madeira eram efectuadas nesta sombra.

Figura 9 - Sombra para separação e pesagem de resíduos sólidos urbanos

3.3.3   Os leitos secos (zona verde)

Havia três camas secas onde a compostagem era feita, como se pode ver na figura 10. As camas secas ocupavam 2m X 3m. Após o processo de compostagem, os leitos secos tornavam-se

numa cama de viveiro para árvores de fruto. As camas secas tinham uma capacidade de compostagem de cerca de 2000 kg.

Figura 10- Leitos secos

3.4 Separação na fonte e transporte

Os agregados familiares que participaram no estudo receberam dois caixotes do lixo que foram utilizados para separar os resíduos domésticos em resíduos biodegradáveis (húmidos) e não biodegradáveis (secos), respetivamente. Os caixotes do lixo estavam identificados como "húmido" e "seco".

A figura 11 mostra um dos participantes a utilizar um contentor HSW.

Figura 11- Um dos participantes a utilizar um dos contentores HSW

A recolha porta-a-porta de resíduos sólidos era efectuada três vezes por semana, portanto às segundas-feiras,

Quartas e sextas-feiras, e o meio de transporte era um carrinho de mão.

3.5   Compostagem de resíduos biodegradáveis

À chegada ao IRRC, os resíduos foram separados em resíduos biodegradáveis para compostagem, resíduos recicláveis e resíduos para incineração. Em seguida, cada tipo de resíduo foi pesado para determinar a sua fração na amostra total de RSU e depois colocado num recipiente de volume conhecido para determinar o seu volume. Os resíduos biodegradáveis foram depois compostados pelo método da caixa arejada. Para acelerar o processo de compostagem, os RSU biodegradáveis foram primeiro fervidos durante 30 minutos utilizando a energia da incineradora e, em seguida, foram adicionados 5 gramas de bicarbonato de sódio a cada 10 kg de RSU biodegradáveis.

O RSU biodegradável foi então colocado nos leitos secos e coberto por uma fina camada de solo com cerca de 5 cm de espessura, como mostra a figura 12 (a). A fim de manter a humidade do solo para uma ação bacteriana eficaz, os canteiros secos foram regados todas as manhãs durante 20 dias - figura 12 (b), depois o composto foi deixado a amadurecer durante cerca de 6 meses, ou seja, de outubro a abril.

Figura 12- (a) Cobertura dos canteiros secos com terra (b) Rega dos canteiros secos

Após a maturação, o composto foi misturado com o solo nos canteiros secos, onde foi utilizado como fertilizante orgânico para regenerar o solo. Em seguida, as sementes de manga e goiaba foram plantadas e regadas regularmente. A Figura 13 (a) e (b) é uma foto que mostra as mudas de manga e goiaba que foram semeadas nos canteiros secos.

Figura 13- (a) Planta jovem de goiabeira (b) Planta jovem de mangueira

3.6   Incineração

A incineração limitou-se aos resíduos de papel e de varredura sob a forma de briquetes. O papel e os

resíduos de varredura foram triturados manualmente para reduzir o seu tamanho - figura 14 (a), depois

foram embebidos em água durante pelo menos quatro dias para os amolecer. Depois, a mistura

húmida foi moldada em briquetes para melhorar a sua eficiência energética. A Figura 14 (b) mostra

os briquetes feitos de papel e resíduos de varredura. Os briquetes precisaram de cerca de uma semana

para secar completamente. Na figura 14 (c), os briquetes são usados para gerar energia que foi usada

para reciclar plásticos em produtos artísticos. Os objectivos da incineração neste estudo foram a

redução do volume de resíduos que necessitam de eliminação final e o fornecimento de uma potencial

fonte de energia.

Figura 14-(a) Varredura e resíduos de papel (b) Briquetes (c) Recolha de energia

3.7 Reciclagem e reutilização de resíduos não biodegradáveis

Reciclagem significa o refabrico de materiais recuperados. O principal objetivo da reciclagem neste estudo foi a proteção do ambiente através da redução dos volumes de resíduos de resíduos sólidos urbanos, especialmente de plásticos, que necessitavam de eliminação final.

Os sacos de papel de plástico foram derretidos utilizando a energia da incineração para criar tapetes de mesa que poderiam ser vendidos à comunidade circundante. A Figura 15 mostra um tapete de mesa feito de sacos de papel de plástico reciclados.

Figura 15- Tapete de mesa feito de sacos de papel de plástico reciclados

Os resíduos sólidos de papel (juntamente com os resíduos de varredura) foram reciclados para fazer briquetes, tal como descrito na incineração.

Para além da reciclagem, outros resíduos sólidos urbanos, especialmente vários tipos de recipientes de plástico, foram simplesmente limpos ou cortados para serem reutilizados de várias formas, tais como: caixas de alimentação para galinhas - figura 16 (a); armazenamento de artigos de cozinha -

figura 16 (b); para irrigação gota a gota de árvores jovens - figura 16 (c); e para fornecer água para

lavar as mãos depois de usar a casa de banho - figura 16 (d).

Figura 16- (a) Recipiente de armazenamento na cozinha (b) Recipiente para as galinhas beberem (c) Irrigação por gotejamento (d) Abastecimento de água

Outras garrafas de plástico foram cortadas e transformadas em: suportes para secagem de pratos - figura 17 (a);

recipientes onde foram plantadas flores figura 17 (b); e como recipientes de armazenamento em casas de banho figura 17 (c).

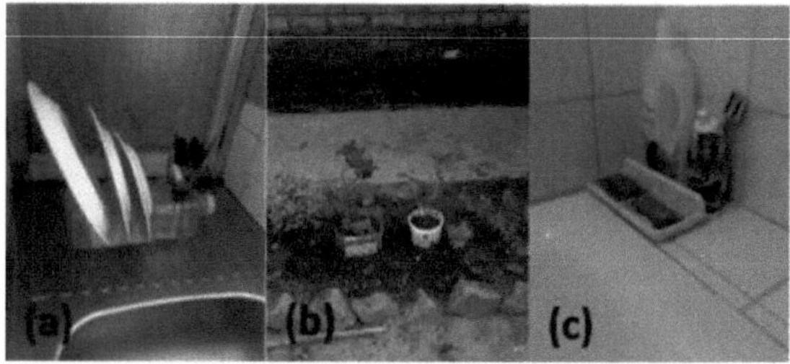

Figura 17-(a) Estendal para secar pratos (b) recipientes para flores (c) recipiente para utilidades domésticas

3.8   Eliminação final

Após a compostagem, a reciclagem, a reutilização e a incineração, restava ainda uma quantidade considerável de resíduos de resíduos de madeira que necessitava de ser eliminada de forma ambientalmente adequada. Esta situação deve-se principalmente ao facto de alguns resíduos de resíduos sólidos urbanos não serem diretamente utilizados no IRRC ou exigirem métodos sofisticados e um elevado consumo de energia para serem reciclados. Esses resíduos incluíam latas e resíduos electrónicos. Os resíduos que permaneceram no IRRC após a recuperação de todos os recursos foram pesados e o seu volume determinado, sendo depois depositados em locais onde a assembleia municipal os recolheu e, por fim, depositados na lixeira a céu aberto.

4.1 CAPÍTULO QUATRO: RESULTADOS E DISCUSSÃO

Este capítulo apresenta uma discussão dos resultados e análises estatísticas dos dados obtidos no estudo. Os resultados revelam uma redução significativa da quantidade de resíduos de resíduos sólidos urbanos através da abordagem IRRC. As conclusões foram recolhidas através de observações e de um projeto.

4.2 Total de RSU recolhidos por peso

A quantidade total de resíduos sólidos urbanos recolhidos pesava 170,6 kg. Deste total, 137,7 kg foram categorizados como resíduos biodegradáveis que deveriam ser compostados. Os RSU biodegradáveis incluíam restos de comida, excrementos de galinha, aparas de vegetais, entre outros. 3,9 kg do total de RSU foram categorizados como resíduos recicláveis, que incluíam maioritariamente sacos de plástico, garrafas de plástico e de metal, latas de comida, entre outros. E 29,3 kg foram classificados como resíduos combustíveis. A categoria de RSU combustível inclui papel e resíduos de varredura. A Figura 18 mostra um resumo da proporção de cada categoria de RSU como fator do total de RSU recolhidos no estudo.

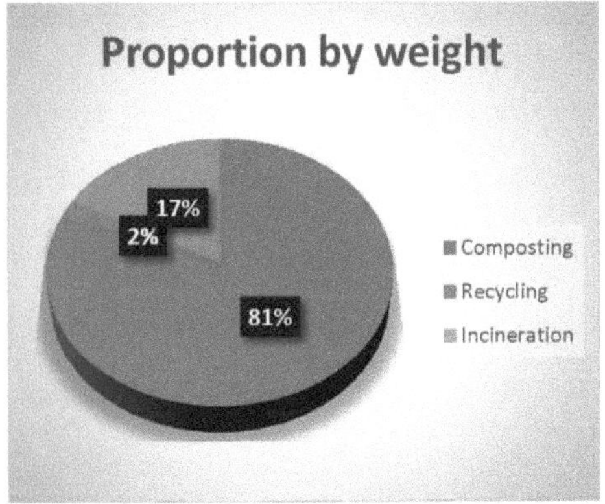

Figura 18-   Categorias de HSW por peso

Como mostra a figura 18, a maioria dos RSU recolhidos foram agrupados como resíduos biodegradáveis (81%), seguidos dos RSU combustíveis (17%). A categoria com a menor quantidade de resíduos sólidos recolhidos foi a dos resíduos sólidos recicláveis (2%).

4.2   Total de RSU recolhidos por volume

O estudo recolheu uma amostra total de 418600 centímetros cúbicos (cm^3) de resíduos sólidos domésticos. Desta amostra, 171600 cm3 eram biodegradáveis, 78000 cm3 eram RESÍDUOS sólidos domésticos recicláveis e 169000 cm3 deviam ser incinerados. O gráfico da figura 19 apresenta uma comparação das várias categorias de resíduos sólidos domésticos por volume.

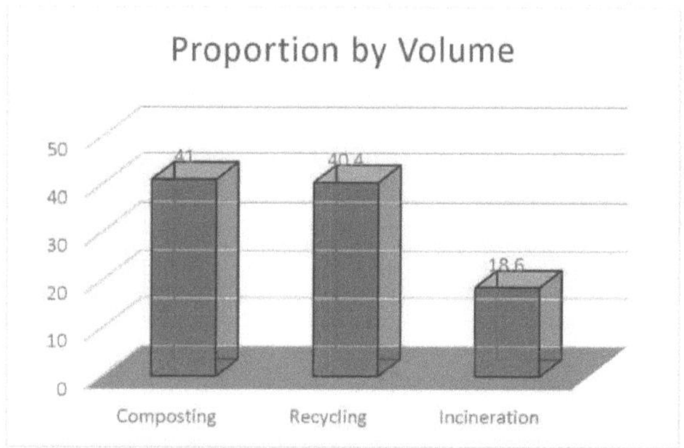

Figura 19-   Proporção de várias categorias de RSS por volume

A partir do gráfico da figura 19, verifica-se uma diferença muito pequena entre o volume de RSU biodegradáveis e de RSU para incineração, representada por 41% e 40,4%, respetivamente, apesar de haver uma grande diferença de peso. Isto deve-se ao baixo teor de humidade dos resíduos não biodegradáveis, o que faz com que pesem menos, apesar do seu grande volume. O baixo teor de humidade nos resíduos não biodegradáveis também fez com que a coesão no interior dos resíduos fosse menor, ocupando assim um volume maior. Os resíduos sólidos domésticos destinados a reciclagem constituíam 18,6% do volume total do fluxo de RSU.

4.3   Compostagem de resíduos sólidos urbanos

Todos os 137.7kgs/171600cm^3 dos resíduos sólidos domésticos que foram categorizados para compostagem foram compostados com sucesso. Isto representa uma taxa de redução de 100% tanto no volume como no peso dos resíduos sólidos domésticos designados para compostagem.

4.4   Reciclagem ou reutilização de resíduos sólidos urbanos

Dos 3,9 kg de resíduos sólidos que foram classificados para reciclagem e reutilização, 2,3 kg foram reciclados com sucesso noutros produtos, o que representa uma taxa de redução de 59% do peso dos resíduos sólidos. Os 1,6 kg que não foram reciclados incluíam principalmente latas de embalagem de alimentos e resíduos sólidos domésticos electrónicos que teriam exigido energia elevada e métodos sofisticados para serem reciclados.

Em termos de volume, 51000cm3 de resíduos sólidos domésticos dos 78000cm3 que foram considerados para reciclagem foram reciclados com sucesso. Isto significa que 65,4% do volume foi reciclado.

4.5   Incineração de resíduos sólidos urbanos.

26,7 kg de resíduos sólidos dos 29,3 kg que foram considerados para incineração foram queimados com sucesso, representando uma taxa de redução de 91,1% no peso dos resíduos sólidos. Os resíduos sólidos domésticos que foram queimados eram maioritariamente papel e resíduos de varredura sob a forma de briquetes. Os 2,6 kg que restaram e foram classificados como não incinerados incluíam cinzas provenientes da incineração dos briquetes. Em termos de volume, foram incinerados com sucesso 158600cm3 de RSU dos 169000cm^3 considerados para incineração. Isto significa que 93,9% do volume total foi incinerado.

19.6   Total de HSW reduzido usando tecnologias ISWM descentralizadas

O estudo recebeu um total de 170,6 kg de resíduos sólidos domésticos. Deste total, 166,7 kg foram reduzidos através da integração da compostagem, da reciclagem e da incineração. Isto representa uma taxa de redução total de 97,7% no peso do total de resíduos sólidos domésticos recolhidos.

Em termos de volume, o total de resíduos sólidos domésticos recolhidos ascendeu a 418600 cm3, dos quais 381200cm3 foram reduzidos com sucesso. Isto representa uma taxa de redução de 91,1% no volume do total de resíduos sólidos domésticos recolhidos. O gráfico da figura 20 mostra a percentagem total de resíduos sólidos reduzidos através da tecnologia ISWM descentralizada, por peso e volume.

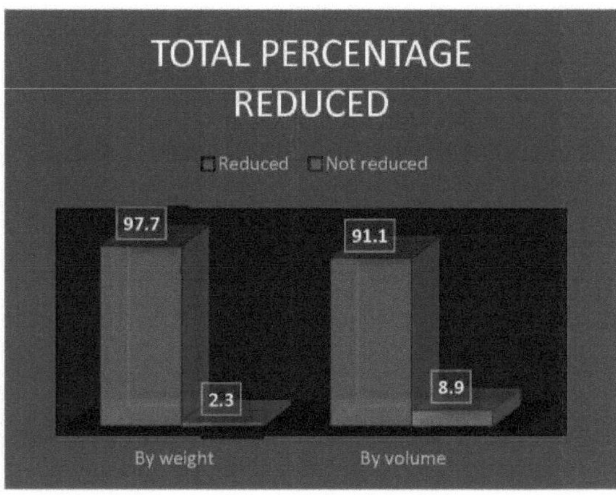

Figura 20-   Percentagem do total de RSU reduzida através da tecnologia descentralizada de ISWM

A partir do gráfico da figura 20, pode concluir-se que um grande volume significativo de resíduos sólidos domésticos recolhidos foi reduzido com sucesso utilizando uma tecnologia descentralizada de gestão integrada de resíduos sólidos.

4.7   Resumo das respostas aos questionários

O sistema de gestão de RSU no Malawi é centralizado. O governo toma todas as decisões sobre a gestão de resíduos no país. Financia as assembleias municipais através do orçamento nacional para recolherem e transportarem os resíduos sólidos para as lixeiras. O governo também formula políticas e promulga leis através do parlamento que tratam da gestão de resíduos. Depois do governo, vem a assembleia distrital, através do diretor distrital de saúde e saneamento, que é responsável pela operacionalização das leis e políticas governamentais.

Este quadro não envolve muito as pessoas das zonas periurbanas e, por conseguinte, toda a responsabilidade pela gestão dos RSU é assumida pela assembleia municipal, que normalmente falha devido a restrições financeiras.

A assembleia municipal de Zomba tem dois veículos operacionais que são utilizados para recolher todos os resíduos sólidos da cidade. O pessoal da assembleia municipal afirma que recolhe os RSU nas zonas periurbanas duas vezes por semana, mas 80% dos participantes afirmaram que recolhem os RSU uma vez por semana, por vezes uma vez em cada duas semanas e que não existe um calendário adequado que sigam,

O pessoal da assembleia municipal afirma que está a fazer o seu melhor para manter a cidade limpa, mas 90% dos participantes afirmaram que não estão satisfeitos com o que a assembleia municipal está a fazer para gerir os resíduos sólidos urbanos.

A assembleia municipal não adopta qualquer prática de gestão especial, para além de depositar os resíduos de resíduos sólidos urbanos na lixeira. De igual modo, todos os participantes não fazem compostagem nem reciclam os seus resíduos sólidos urbanos. As latrinas de fossa (70%) são o método de gestão de resíduos mais comum entre os participantes na investigação.

Todos os participantes na investigação afirmaram que o tipo de resíduos dominante eram os resíduos alimentares, seguidos do papel e do lixo de varredura.

Existe um potencial para a gestão de resíduos sólidos a nível comunitário, a assembleia municipal disse que está a promover iniciativas semelhantes noutras comunidades como Chikanda e Malosa, onde as pessoas estão a fazer composto a partir de diferentes tipos de resíduos sólidos. 60% dos participantes na investigação concordaram que adeririam a actividades de reciclagem e compostagem se estas pudessem ser implementadas.

CAPÍTULO 5

5.1 CAPÍTULO CINCO: DESAFIOS E RECOMENDAÇÕES

A má gestão dos resíduos sólidos domésticos nas zonas periurbanas das cidades e vilas do Malawi tem contribuído para grandes preocupações ambientais e de saúde (Assa, 2013). Apesar dos vários esforços do governo, através das assembleias municipais, para recolher e transportar os RSU para lixeiras designadas, tem havido muito pouco sucesso no terreno. Com base nos resultados da investigação, esta tese recomenda estratégias que as várias partes interessadas podem pôr em prática para atingir os seus objectivos de gestão dos resíduos sólidos domésticos.

5.1 Recomendações

Seguem-se as recomendações para o governo e outras partes interessadas, a fim de obter resultados desejáveis na gestão dos resíduos sólidos domésticos nas zonas periurbanas do Malawi.

5.1.1 Descentralização e participação comunitária

O sistema de gestão de resíduos sólidos no Malawi é centralizado (NCST, 2014), pelo que o governo, através das assembleias municipais, é o responsável pela gestão dos resíduos sólidos domésticos. Este sistema de gestão de resíduos exclui as comunidades e outras partes interessadas da participação nas actividades de gestão de resíduos. É evidente, pela acumulação de resíduos sólidos domésticos em muitos locais públicos, que o sistema não é muito eficaz. Isto deve-se principalmente às restrições financeiras com que se deparam as autoridades municipais. Tendo demonstrado com sucesso, através de um projeto, que uma abordagem descentralizada da gestão dos resíduos sólidos domésticos tem um impacto significativo no volume e no peso dos resíduos sólidos domésticos, esta tese recomenda uma mudança de paradigma da noção de "o governo gere os nossos resíduos" para "os nossos resíduos, a nossa responsabilidade". Esta abordagem descentralizada assegurará a participação dos produtores de resíduos e de vários intervenientes nas actividades de gestão dos resíduos sólidos domésticos.

No entanto, a ideia não é excluir o governo das actividades de gestão dos RSS, mas sim incentivar os parceiros a complementarem o governo na gestão dos RSS.

5.1.2 Investigação e reforço das capacidades

Um programa eficaz de gestão dos resíduos sólidos exige determinadas tecnologias e métodos de manuseamento ou tratamento dos resíduos. É necessário efetuar investigação para identificar as várias tecnologias e metodologias que podem ser utilizadas na gestão dos resíduos sólidos urbanos e reforçar as capacidades dos gestores de resíduos no que respeita às várias tecnologias e metodologias de gestão dos resíduos sólidos urbanos. O governo e outras partes interessadas têm de realizar investigação sobre as novas e mais eficazes tecnologias de gestão de resíduos e, em seguida, transmitir essas competências às pessoas a nível comunitário. As tecnologias devem centrar-se na recuperação de resíduos, especialmente na compostagem e na reciclagem, de modo a que as pessoas que gerem os resíduos possam beneficiar economicamente dessas actividades. Isto motivará muitas pessoas a gerir os resíduos e, no final, muito poucos resíduos se acumularão nos locais públicos.

5.2 Limitações do estudo

1. Ao recolher dados secundários, tornou-se difícil encontrar documentação sobre a Gestão Integrada de Resíduos Sólidos no Malawi. Por isso, perdeu-se muito tempo a recolher informações através de entrevistas.

2. Ao realizar entrevistas com a Assembleia Municipal de Zomba, alguns inquiridos mostraram-se relutantes em fornecer informações sobre a gestão de resíduos sólidos devido a razões políticas.

3. Alguns participantes na investigação não cooperaram durante o estudo de várias formas, por exemplo, alguns não puderam ser encontrados em casa quando os assistentes de investigação quiseram recolher os resíduos de tabaco, e outros não conseguiram separar corretamente os

resíduos de tabaco.

5.3 Investigação futura

A fim de realizar um sistema descentralizado e integrado de gestão de resíduos sólidos com muito êxito, algumas das outras áreas de interesse que podem ser investigadas incluem:

1. Quantificação de vários gases com efeito de estufa libertados numa IRRC para determinar a sua contribuição para as alterações climáticas.

2. Medição da concentração de fósforo, azoto e cálcio no composto produzido a partir de resíduos domésticos

5.4 Conclusão

A situação da gestão dos RSU em muitas zonas periurbanas constitui uma grande ameaça para a saúde das pessoas e para o ambiente. É provável que esta situação se agrave num futuro próximo devido à rápida urbanização, pelo que é necessária uma intervenção imediata.

Este estudo teve como objetivo descobrir se uma mudança de paradigma do sistema de gestão de resíduos centralizado para o descentralizado contribuiria significativamente para a redução do peso e do volume dos resíduos sólidos urbanos, a fim de evitar a acumulação destes resíduos sólidos em locais públicos. O estudo utilizou tecnologias menos complexas de compostagem, reciclagem ou reutilização e incineração de resíduos sólidos para atingir os seus objectivos.

O estudo atingiu os seus objectivos ao conceber com êxito uma instalação IRRC e ao reduzir mais de 90% dos resíduos sólidos urbanos recolhidos.

Por conseguinte, o estudo recomenda uma mudança da gestão centralizada dos resíduos sólidos urbanos para uma abordagem descentralizada de gestão integrada dos resíduos sólidos urbanos nas zonas periurbanas do Malavi,

CAPÍTULO 6

6.0 REFERÊNCIAS

1. Ali, S.M., Pervaiz, A., Afzal, B., Hamid, N. & Yasmin, A. (2013). *Despejo a céu aberto de resíduos sólidos urbanos e seus impactos perigosos na diversidade do solo e da vegetação em locais de despejo de resíduos da cidade de Islamabad.* Jornal da Universidade Rei Saud - Ciência (2014) 26, 59-65

2. Anomanyo, E.D. (2004). *Integração da gestão dos resíduos sólidos urbanos em Accra (Gana): a tecnologia de tratamento por bioreactores como parte integrante do processo de gestão.* Helsingborg: Lund University Press

3. Ascutney, V. (2004). *Yard Waste Composting-Operator Training Manual.* Inc: DSM Environmental Services

4. Assa, M. (2013). *Mercado emergente de resíduos sólidos em Lilongwe Urban, Malawi: Aplicação do método de avaliação contingente de escolha dicotómica.* Clarion, Pennsylvania: Clarion, Universidade da Pensilvânia,

5. Desa, A., Abd Kadir, N. & Yusooff, F. (2011). *Estratégia de educação e sensibilização para os resíduos: rumo ao programa de gestão de resíduos sólidos (SWM) na UKM.* Procedia - Ciências Sociais e do Comportamento 59 (2012) 47 - 50

6. Duma, L. e Heidorn, F. (2014). *Gestão descentralizada de resíduos sólidos (DESWAM).* BORDA: Bremen Publishers

7. Ferguson, A.E., & Mulwafu, W.O. (2004). *Decentralization, Participation and Access to Water Resources in Malawi (Descentralização, Participação e Acesso aos Recursos Hídricos no Malawi).* Programa de Apoio à Investigação Colaborativa BASIS

8.   Governo do Malawi. (2007). *Perfil Socioeconómico do Distrito de Zomba*. Lilongwe: Imprensa do Governo do Malawi

9.   Governo do Malawi. (2009). *Perfil socioeconómico de Zomba*. Zomba: Assembleia Distrital de Zomba

10.   Governo do Malawi. (2010). *Relatório sobre o estado do ambiente e perspectivas do Malawi*. Lilongwe: Departamento de Assuntos Ambientais

11.   Governo do Malawi - Ministério dos Recursos Naturais e do Ambiente. (2004). *Política Nacional do Ambiente*. Lilongwe: Departamento dos Assuntos Ambientais

12.   Guadalajara, B. e Guadalajara, S. (2012). *Gestão integrada de resíduos sólidos em Lisboa Norte*. Milão: Direção da Comissão Europeia

13.   Guerrero, L.A., Maas, G. & Hogland, W. (2012). *Desafios da gestão de resíduos sólidos para as cidades dos países em desenvolvimento*. Eindhoven, Universidade de Tecnologia de Eindhoven. Jornal de Gestão de Resíduos 33 (2013) 220232

14.   Hove, T. (2011). *Gestão de resíduos nos países em desenvolvimento: A case study of Blantyre City, Malawi*. Strathclyde: EWB-UK National Research & Education

15.   Hugo, E (2005). *Gestão da redução de resíduos sólidos com especial referência aos países em desenvolvimento*. Pretória: Universidade da África do Sul

16.   Fórum Global da IPLA. (2012). *Empoderamento dos Municípios na Construção da Sociedade Lixo Zero - Uma Visão para o Desenvolvimento Urbano Sustentável Pós-Rio-20*. Seul: IPLA

17.   Jeswani, H.K., & Azapagic, A. (2016). *Avaliar a sustentabilidade ambiental da recuperação de energia a partir de resíduos sólidos urbanos no Reino Unido*. Jornal de Gestão de

Resíduos 50 (2016) 346-363

18. Kapoor, S.S. (2015). *Uma mudança de paradigma para a gestão integrada de resíduos sólidos - um estudo de caso de Delhi*. Nova Deli: Jornal Internacional de Investigação e Tecnologia em Engenharia (IJERT)

19. Kokate, V.B. e Sasane, V.V. (2014). *Abordagem descentralizada para a gestão de resíduos sólidos urbanos usando Vermitechnology*. Maharashtra: IJIRSET

20. Mader, J.E. (2011). *Aplicação do Quadro de Gestão Integrada de Resíduos Sólidos ao Sistema de Recolha de Resíduos em Aguascalientes, AGS, México - síntese*. Ontário: Waterloo

21. Miezah, K., Obiri-Danso, K., Kadar, Z., Fei-Baffoe, B., & Mensah, M.Y. (2015). *Caracterização e quantificação dos resíduos sólidos urbanos como medida: Rumo a uma gestão eficaz dos resíduos no Gana*. Jornal de Gestão de Resíduos 46 (2015) 15-27

22. Monney, I., Tiimub, B.M & Bagah H.C. (2013). *Características e gestão dos resíduos sólidos domésticos nas zonas urbanas do Gana: o caso de WA*. Jornal de Investigação Civil e Ambiental Vol.3, No.9, 2013

23. Munawar, E. e Fellner, J. (2013). *Guidelines for Design and operation of Municipal Solid Waste Landfills in Tropical Climates (Directrizes para a conceção e exploração de aterros de resíduos sólidos urbanos em climas tropicais)*. Viena: Associação Internacional de Resíduos Sólidos (ISWA)

24. Mwanza, B. & Phiri, A. (2013). *Conceção de um modelo de gestão de resíduos utilizando a gestão integrada de resíduos sólidos: Um caso da Câmara Municipal de Bulawayo.*

Revista Internacional de Recursos Hídricos e Engenharia Ambiental Vol. 5(2), pp. 110-118

25.   Mwanzia, P., Kimani, S.N e Stevens, L. (2013). *Gestão integrada de resíduos sólidos: Decentralised service delivery case study of Nakuru Municipality, Kenya.* Nakuru: WEDC

26.   Comissão Nacional de Ciência e Tecnologia. (2014). *Pesquisa em Desafios e Oportunidades na Gestão de Resíduos Sólidos: O caso das cidades do Malawi.* Lilongwe: NCST

27.   Palamuleni, L.G. (2002). *Effect of sanitation facilities, domestic solid waste disposal and hygiene practices on water quality in Malawi's urban poor areas: a case study of South Lunzu Township in the city of Blantyre.* Physics and Chemistry of the Earth 27 (2002) 845-850 Elsevier

28.   Saikia, D. (2015). *Modelo de gestão integrada de resíduos sólidos para países em desenvolvimento com referência especial à área municipal de Tezpur, Índia.* Meghalaya: Universidade de Ciência e Tecnologia da Índia

29.   Sankoh, F.P, Yan, X., & Tran, Q. (2013). *Impacto ambiental e sanitário da eliminação de resíduos sólidos em cidades em desenvolvimento: Um estudo de caso da lixeira de Granville Brook, Freetown, Serra Leoa.* Jornal de Proteção Ambiental, 2013, 4, 665-670

30.   Storey, D., Santucci, L., Aleluia, J. & Varghese, T. (2013). *Centros de recuperação de recursos descentralizados e integrados em países em desenvolvimento: Lessons Learnt from Asia-Pacific.* Nações Unidas Económicas e Sociais

Comissão para a Ásia e o Pacífico (ESCAP), Tailândia. Documento apresentado no Congresso ISWA 2013, 7-11 de outubro de 2013

31.   Tchobanoglous, G. (1993). *Integrated solid waste management - Engineering principles and management issues*. Nova Iorque: MC Graw-Hill

32.   Thomas, C., Frederickson, J., Burnley, S. e Slater, R. (2003). *Developing Integrated Waste Management Systems: Information Needs and the Role of Locally Based Data*. Buckinghamshire: Milton Keynes

33.   PNUA. (2009). *Desenvolvimento de um plano integrado de gestão de resíduos sólidos*: *manual de formação*. Washington: PNUA

34.   UN-HABITAT. (2010). *Recolha de resíduos sólidos urbanos nos países em desenvolvimento*. (UN-HABITAT)

35.   UN-HABITAT. (2011). *Cidades e alterações climáticas: Relatório Global sobre Assentamentos Humanos*. Washington: Earthscan

36.   UN-HABITAT. (2012). *Perfil Urbano Nacional do Malawi*. UN-HABITAT

37.   Nações Unidas. (2017). *Relatório sobre os Objectivos de Desenvolvimento Sustentável*. Nova Iorque: Publicações da ONU

38.   US EPA (2002): *Solid Waste Management: A Local Challenge With Global Impacts*. Washington: EPA

39.   Van de Klundert, A., Anschutz, J. e Scheinberg, A. (2001). *Integrated Sustainable Waste Management - the Concept Tools for Decisionmakers Experiences from the Urban Waste Expertise Programme (1995-2001)*, Gouda: WASTE

40.   Vij, D. (2012). *Urbanização e gestão de resíduos sólidos na Índia: Present práticas e desafios futuros*. Procedia - Ciências Sociais e Comportamentais 37 (2012) 437 - 447

41.   Vitorino de Souza Melare, A., *Gonzalez, S.M.,* Faceli, K., & Casadei, V. (2016).

Tecnologias e sistemas de apoio à decisão para auxiliar a gestão dos resíduos

sólidos: uma revisão sistemática. Jornal de Gestão de Resíduos 59 (2017) 567-584

APÊNDICE

QUESTIONÁRIOS DO INQUÉRITO ISWM ADMINISTRADOS

Discriminação do tipo de pessoas entrevistadas e motivo da entrevista

Category of people interviewed	Number	Reason for interview
City assembly personnel	3	➢ To understand the waste management institutional structure ➢ To understand the current HSW collection system ➢ To understand the current waste management practices ➢ To understand the potential of implementing ISWM at a larger scale
Research participants	10	➢ To understand the type of waste they produce ➢ To understand the current flow of HSW ➢ To know the current HSW management practices.

		➢ To assess perceptions about the current waste management system ➢ To assess whether source separation would be possible ➢ To understand the potential of implementing ISWM at a household or community level
TOTAL	13	

Anexo 1: Questionário ao pessoal da Assembleia Municipal de Zomba

Introdução

Sou Thokozani Kapichi do Chancellor College e estou a realizar um inquérito por questionário sobre a Gestão Integrada de Resíduos Sólidos nas zonas periurbanas de Zomba. O objetivo deste inquérito é recolher mais informações junto das autoridades municipais, como vós, sobre a gestão dos RSU nas zonas periurbanas do vosso município. O inquérito demorará cerca de 10 minutos. Não é necessário fornecer o seu nome, pelo que não será associado às respostas fornecidas. As respostas que fornecerá às perguntas seguintes servirão para compreender e melhorar a gestão dos RSS no seu município, pelo que deve responder com a maior exatidão possível. Muito obrigado pelo vosso tempo.

Vai participar no inquérito por questionário? SimNão

Data da entrevista: --------- // --- (Dia/Mês/Ano)

Questionário nº: _______________________

Nome do local: ____________________________

Entrevistador: _______________________________

Secção A: Estrutura institucional de gestão dos RSS

1. Qual é o quadro institucional da gestão dos RSS no Malawi?

2. Como é que o quadro institucional afecta a gestão dos RSS nas zonas periurbanas?

3. Quais são os vossos papéis enquanto assembleia municipal na gestão dos RSU nas zonas periurbanas?

Secção B: Sistema de recolha de RSU

1. De quantos veículos de recolha de resíduos dispõe o conjunto?

2. Com que frequência recolhe os RSU nas zonas periurbanas?

3. Quais são os problemas com que se depara quando presta serviços de recolha de resíduos em zonas periurbanas?

4. Como é que o problema que enfrenta pode ser minimizado?

Secção C: Práticas de gestão de resíduos

1. Quais são os métodos de gestão dos RSU que a assembleia municipal utiliza?

Secção D: Potencial de implementação de ISWM a uma escala maior

1. Já ouviste falar de gestão integrada de resíduos sólidos?

   Em caso afirmativo, passar à pergunta 2; em caso negativo, o entrevistador explicar-lhe-á do que se trata e passará à pergunta 2.

2. A assembleia municipal consegue implementar a ISWM a nível da cidade e porquê?

Anexo 2: Questionário aos participantes na investigação

Introdução

Sou Thokozani Kapichi, do Chancellor College, e estou a realizar um inquérito por questionário sobre a Gestão Integrada de Resíduos Sólidos nas zonas periurbanas de Zomba. O objetivo deste inquérito é recolher mais informações de residentes como você sobre as suas práticas actuais, preocupações e opiniões sobre a gestão de RSU. O inquérito demorará cerca de 10 minutos. Não é necessário fornecer o seu nome, pelo que não será associado às respostas fornecidas. As respostas que fornecer às perguntas seguintes ajudarão os esforços da assembleia municipal para o servir, pelo que deve responder com a maior exatidão possível. Muito obrigado pelo vosso tempo.

Vai participar no inquérito por questionário?   SimNão

Data da entrevista: --------- //---- (Dia/Mês/Ano)

Questionário nº: _______________________

Nome do local: _______________________________

Entrevistador: ___________________________________

Secção A: Tipo de resíduos que produzem

1. Quais são os exemplos de resíduos que gera?

2. Qual é o tipo dominante de resíduos que produz

3. Qual é, aproximadamente, o volume de resíduos que produz?

      a.   Menos de um balde (20 litros)

      b.   1-2 baldes (20 litros)

c. 3-5 baldes (20 litros)

d. Mais de 5 baldes (20 litros)

Secção B: Práticas de gestão de RSU.

1. Como é que guarda os seus HSW antes de se desfazer deles?

2. Recicla?

3. Fazes composto?

4. Incinera os resíduos de madeira?

Secção C: Percepções sobre o atual sistema de gestão de resíduos

1. Está preocupado com a situação atual da gestão dos RSS na sua região?

2. Na sua opinião, qual é o principal problema da gestão dos RSU nesta zona?

3. Considera que, enquanto residente nesta zona, tem a responsabilidade de participar nas
actividades de gestão dos RSU?

4. Está satisfeito com os serviços de gestão de resíduos sólidos urbanos oferecidos pela
assembleia municipal?

5. Tem alguma sugestão para melhorar a gestão dos RSS nesta área?

Secção D: Possibilidade de separação das fontes

1. Se fosse criado um programa de reciclagem e compostagem que recolhesse materiais
como resíduos alimentares, plástico, papel, metais, etc., conseguiria separá-los em sacos
separados para efeitos de recolha?

1. Estaria disposto a participar num programa de compostagem de resíduos alimentares?

2. Se fosse criado um programa de reciclagem na tua zona, aderirias a ele?

3. Consegue encontrar produtos feitos de materiais reciclados na sua zona?

yes
I want morebooks!

Buy your books fast and straightforward online - at one of world's fastest growing online book stores! Environmentally sound due to Print-on-Demand technologies.

Buy your books online at
www.morebooks.shop

Compre os seus livros mais rápido e diretamente na internet, em uma das livrarias on-line com o maior crescimento no mundo! Produção que protege o meio ambiente através das tecnologias de impressão sob demanda.

Compre os seus livros on-line em
www.morebooks.shop

Printed by Books on Demand GmbH, Norderstedt / Germany